겨울을 준비해요

쌩쌩, 차가운 바람이 불어오기 시작했어요.
곧 겨울이 오려나 봐요.
숲속 마을 친구들은 어떻게 지내고 있을까요?
"난 지금 도토리를 모으는 중이야.
겨울이 오면 따뜻한 나무 구멍에서
먹이를 먹고 잠도 잘 거야.
앗, 저기 커다란 밤도 있네!"

"냠냠 쩝쩝, 나는 지금 열심히 살을 찌우고 있어.
몸을 더 뚱뚱하게 만든 다음, 겨우내 겨울잠을 잘 거야."

"폴짝폴짝! 어디가 좋을까?
나는 겨울 동안 잘 곳을 찾는 중이야.
물속 바위 밑이나 나뭇잎 아래 흙 속이 잠자기 좋지.
그래, 여기가 좋겠어!"

"난 여행 갈 준비를 하고 있어.
더 추워지기 전에 따뜻한 나라로 가야 하거든.
봄이 오면 다시 돌아올 테니 기다려 줘!"

추위를 싫어하는 동물 친구들은 겨울이 오면
잠을 자거나 따뜻한 나라로 여행을 떠나요.

"난 이제 나뭇잎 아래로 들어갈 거야.
우리 무당벌레들은 따뜻한 곳에 숨어 겨울을 보내.
겨울에 우리가 보고 싶다면 나뭇잎 밑을 찾아봐!"

"난 지금 아주 바빠.
나무에 알집을 만들고 있거든.
따뜻한 봄이 오면 새끼 사마귀들이 태어날 거야.
아기들아, 봄에 만나자!"

곤충 친구들도 차가운 겨울바람을
피할 준비를 하고 있었네요.
그럼 땅속에 뿌리를 둔 식물 친구들은
무엇을 하고 있을까요?
"나는 이제 나뭇잎을 다 떨어뜨렸어.
겨울이 되면 날씨도 춥고 햇빛도 줄어들어서
영양분을 아껴야 하거든."

"나는 잎과 뿌리만 남기고 겨울을 보내.
봄이 오면 다시 예쁜 꽃을 피울 거야."

"내가 누구냐고?
봄에 노란 꽃을 피우던 민들레야."

숲속 친구들은 부지런히 겨울을 보낼
준비를 하고 있었군요.
추운 겨울이 지나고 따뜻한 봄이 찾아오면
숲속 친구들을 다시 볼 수 있겠죠?
그때까지 모두 안녕!

 # 아하~ 그렇구나!

개구리의 성장 과정 (한살이)

❶ 개구리의 알은 투명한 우무질에 싸여 있어요.
❷ 알에서 올챙이가 태어나요. (부화 후 15일)
❸ 뒷다리가 먼저 나와요. (부화 후 25일)
❹ 앞다리가 나와요. (부화 후 45일)
❺ 꼬리가 들어가고 (부화 후 55일) 어린 개구리가 되어요.
▲ 개구리는 물이 얕고 낙엽이나 풀이 있는 웅덩이나 논, 연못과 같은 곳에 알을 낳아요.

호기심 누리과학 시리즈

누리과정 1. 호기심 가지기

4학년 2학기 4단원 화산과 지진
흔들흔들 지진
단어카드 1종, 화보 1종, 워크지 2종(1,2수준), 이야기나누기자료 1종, 지침서

6학년 1학기 1단원 지구와 달의 운동
빙글빙글 도는 지구
단어카드 1종, 화보 1종, 워크지 2종(1,2수준), 이야기나누기자료 1종, 지침서

5학년 2학기 1단원 날씨와 우리생활
구름은 어떻게 만들어지는 걸까?
단어카드 1종, 화보 1종, 워크지 2종(1,2수준), 이야기나누기자료 1종, 지침서

누리과정 2. 물체와 물질 알아보기

3학년 2학기 4단원 소리의 성질
소리가 떨려요
단어카드 1종, 화보 1종, 워크지 2종(1,2수준), 이야기나누기자료 1종, 지침서

6학년 2학기 4단원 연소와 소화
공기야 도와줘
단어카드 1종, 화보 1종, 워크지 2종(1,2수준), 이야기나누기자료 1종, 지침서

4학년 2학기 2단원 물의 상태 변화
우리는 삼총사
단어카드 1종, 화보 1종, 워크지 2종(1,2수준), 이야기나누기자료 1종, 지침서

누리과정 3. 생명체와 자연환경 알아보기

4학년 2학기 1단원 동물의 생활
나는 바다의 수영선수
단어카드 1종, 화보 1종, 워크지 2종(1,2수준), 이야기나누기자료 1종, 지침서

4학년 1학기 3단원 식물의 한살이
내 씨를 부탁해!
단어카드 1종, 화보 1종, 워크지 2종(1,2수준), 이야기나누기자료 1종, 지침서

3학년 1학기 3단원 동물의 한살이
겨울을 준비해요
단어카드 1종, 화보 1종, 워크지 2종(1,2수준), 이야기나누기자료 1종, 지침서